わいるどらいふっ!

身近な生きもの観察図鑑

一日一種

3

山と溪谷社

冬 Winter

Column コラム

日本に約9万種が生息している

野生生物 ワイルドライフ

ペットでも家畜でもない彼らがすむ場所は——

大・自然

ひょこっ

ゴソゴソ

とは限らず——

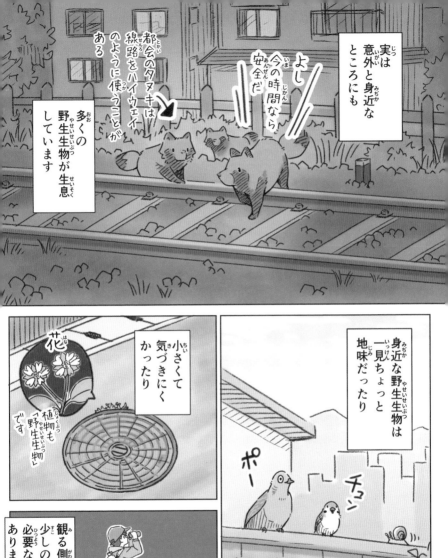

実は意外と身近なところにも

よし　今の時間なら安全だ

都会のタヌキは線路をハイウェイのように使うことがある

多くの野生生物が生息しています

身近な野生生物は一見ちょっと地味だったり

ポー

チュン

ブーン

小さくて気づきにくかったり

花

植物も「野生生物」です

観る側に少しの努力が必要なこともありますが

どんな種でも
よく見れば
必ず

意外な魅力を
たくさん
もっていることに
気づけます

これは
そんな身近な
野生生物たちが
主役の物語——

春 Spring

うぅ…

「春」は
まだかなぁ…

春なら
あるよー

上ばかり
見ているから
気づかないんだよ

？

たまには
地面に降りて
見てみなよ

なになに
・・・・
あっ！

春は足元から

やってくる その1

タンポポの仲間
キク科タンポポ属

春先は茎が短く
地際に花をつける

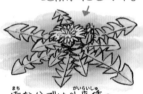

街なかでは外来種の
タンポポが多い

外来種　　　在来種

反り返る　　反り返らない

雑種も多いので厳密に識別
するのは意外と難しい

春は足元から やってくる その2

初蝶 (春の季語)

蛹で冬を越し、春になってから羽化したばかりの新鮮な蝶

モンシロチョウなど

成虫で越冬した蝶たちは面構えが違う (こともある)

キチョウやタテハチョウの仲間

9

春は足元からやってくる その3

タンポポにはいろんな生きものがやってきます

ヤブキリ幼虫

春にタンポポの上によく
いるキリギリスの仲間
※ヤブにいるキリギリスという
意味の名前
1齢幼虫は1cm程度

↑タンポポの花や
種を食べて育つ

↑成虫になると
肉食傾向になる

2023-04-01
CH-1

人の威を借る ツバメ

ツバメは身近に巣をつくる野鳥の代表種

逆に人がいない場所にはあまり巣をつくらない

人の威を借りて天敵対策をしているようだ

誰もが知ってる身近な山菜

正式な和名は
スギナ
その胞子体を
ツクシという

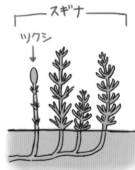

採取するときは
人通りの多い場所や
犬の散歩コースは
避けたほうがよい

Column

ツクシの卵とじの作り方

手軽で定番♪

胞子が飛んでいないのは少し苦い（大人向け）

1. ツクシの採取

河川敷の土手や道路わきの法面、農地の周りなど少し痩せた土地によく現れる

くるっ

単純作業なので雑談とかしながら

2. はかま取り

はかまをとる。爪で縦に裂いてからくるっと剥がすと、とりやすい

アク抜きの時間はお好みで

3. アク抜き

沸騰したお湯で軽くゆでて、冷水にさらす

長いつくしは適当に切る

4. 炒める・煮詰める

水気をとってから熱したフライパンにごま油をなじませ、軽く炒める

めんつゆをつくしが少しひたるくらいに入れ、汁気が少なくなるまで煮詰める

卵2〜3個で二人分くらい　　　　　弱火

5. 蒸らす

といた卵を全体に入れて、蓋をして数分蒸らす

完成！

もう少しちゃんと作りたい人は料理本とかを見てネ

早春に現れる モフ玉

ん？小さい毛玉？が飛んでる

これは昆虫だな

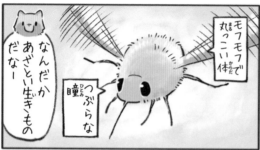

モフモフで丸っこい体

つぶらな瞳

なんだかあざとい生きものだなー

グループ的にはハエの仲間らしいぞ

えー？とてもそうは見えないけど…

あっ…（察し）

スリスリ

ビロードツリアブ

ハエ目ツリアブ科

上から吊るしているような見事なホバリングでツリアブの名がついた

見えない糸？

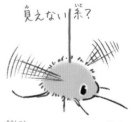

早春のアイドル的な昆虫

ごく身近な普通種だが、春先にしか見られない

※昆虫が頭や脚をこするのは主に汚れを落とすため

モフ玉はコナの運び屋

こっちのコには白いコナがついてるね

花粉だな

昆虫は蜜の対価として（花粉）コナを運んであげてるわけだ

昆虫が少ない早春、ビロードツリアブは貴重な花粉送粉者（ポリネーター）の一種

スミレ

ホトケノザ

長い口吻でいろんな花を吸蜜できる

この花畑も昆虫が作ったようなものなんだね♪

そうなんだけど…

ゴシゴシ

当事者はわかってない

？・？・変なごみがついてたわ〜

15

梅か桜か？鶯か目白か？

桜と梅の違いの例

桜　花がまとまって房状につく
花柄が長い

梅　花が1つずつつく
花柄が短い

ほかにも、桃、杏など、さらにはそれぞれに数多くの品種があるので厳密に見分けるのは難しい

「く」の字の エナガ その1

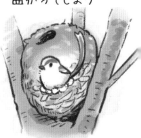

巣の大きさに対して尾が長すぎるので長時間、巣にいると曲がってしまう

エ・マガール

尾が曲がっているエナガがいたら繁殖中のサイン

17

「く」の字の エナガ その2

たまにはバードウォッチングもしてみるものだな

でもじろじろ見てると巣を放棄しちゃうかも…

そりゃいかん雛が大きくなった頃にまた来よう

ヂュルル//

ヂュルル//

この声を覚えておくとエナガを見つけやすい

巣立ち雛の集合体、通称

エナガ団子

し

じゅるる//

しかし巣立つ前にカラスやヘビ等に食べられてしまうことも多い。繁殖成功率は2〜3割程度。

たけのこ (モウソウチク)

春はたけのこの季節

しかし困ったことも…

あぁっ!?

またたけのこ泥棒か!

くそ〜
次こそ犯人を特定してやる

監視カメラ

きたきた…

いったいどんなやつが…

ガサ

コンバンワ

竹にもいろいろ種類があるが多く流通しているたけのこはモウソウチク

太い

モウソウチク　　マダケ

た○のこの里

あの人気商品も形的にはモウソウチク

天空がライブステージ

上空のヒバリは見つけにくい

ほぼ点 →

見つけた！

フフ…

ふふふ…上空なら安全と思ってるのか

地上に降りてきたところを襲ってやる

ぴゃノーん

フッ

あれ？どこにいった？

…

なお地上にいても見つけにくい

地味…

ヒバリ

スズメ目ヒバリ科

高空を飛びながら歌う鳥

英名はSKY LARK

あの鳥もヒバリ？

クマバチは怖くない

ホバリングしているのは
だいたい♂。なわばり
内の動くものに反応して
近づいてくる

重低音の羽音

オスとメスは顔が違う

メスは針を持っているが
つかんだりでもしない
限り基本的に刺さない

咬むことはあります

潮干狩りをめぐる生きもののつながり

春の浜辺にはいろんな動物が集まります

潮干狩りをする人

潮干狩りをする鳥

潮干狩りする鳥を観る人

潮干狩りする鳥を狩る鳥

あぁ〜ハヤブサがとばしちゃった〜

春は日中に潮が大きく引く時期なので、潮干狩りに向いているといわれます

潮干狩場

潮干狩場

シギチと ハマグリ

干潟には貝に脚を挟まれているシギチ（シギ・チドリ類）がたまにいる

がっしり

意外と気にせずそのままエサをとっていたりする

Column

シギ・チドリ類

春の干潟には渡り途中のシギ・チドリ類が数多く訪れます。潮干狩りに少し疲れたら、鳥たちに場所をゆずって、鳥見をしてみると面白いかもしれません。

シロチドリ

メダイチドリ

ダイゼン

ハマシギ

トウネン

ミユビシギ

チュウシャクシギ

キアシシギ

アオアシシギ

種について<ruby>謎<rt>なぞ</rt></ruby>の<ruby>物質<rt>ぶっしつ</rt></ruby>
その１

テーレッテレー！

エライオソーム
というアリが<ruby>好<rt>この</rt></ruby>む<ruby>物質<rt>ぶっしつ</rt></ruby>を<ruby>種<rt>たね</rt></ruby>につけている<ruby>植物<rt>しょくぶつ</rt></ruby>がいる

はがれにくい

<ruby>抱<rt>だ</rt></ruby>き<ruby>合<rt>あ</rt></ruby>わせ<ruby>商法<rt>しょうほう</rt></ruby>のようなやり<ruby>方<rt>かた</rt></ruby>でアリに<ruby>種<rt>たね</rt></ruby>を<ruby>運<rt>はこ</rt></ruby>んでもらう

種についている謎の物質 その2

よいしょ よいしょ

っっ

うんしょ うんしょ

もう おいしい ところが ないからね

この へんに 捨てとく？

ポイッ

いったいなんの 種だったん だろうね

一年後—

アリは種を巣に運んで
しまうが、エライオ
ソームがなくなったら
外に捨てる

ポイ

こうして植物は分布を
広げていくことができる
※種によって少し
異なります

26

タチツボ
スミレ

ムラサキケマン

ホトケノザ

ヒメオドリコ
ソウ

スミレ

鳥たちの多様な子育て

子育ては協力

一夫一妻のキジバトなど

抱卵交代するよー ♂ ♀

子育てはメスが中心

一夫多妻のセッカなど

ゴハンよ ♀

子育てはオスが中心

一妻多夫のタマシギなど

ついておいで ♂

托卵

子育てした？ことないぷりっ

カッコウ

← 他の鳥の巣

春〜初夏は多くの野鳥の繁殖期。種によっていろんな子育てがある

ガーン

私の卵じゃない

ポイッ

托卵は楽なように見えるが、バレたら卵が捨てられてしまうリスクも…

四つ葉のクローバー

おかーさん
四つ葉の
クローバー
摘んできたよ

コホッ

まあ
ありがとう

四つ目の葉は
幸運の印なの
よね

これできっと
手術もうまく
いくわ

ん？

信仰
愛
希望
幸運

四つ葉…？

あれ～？
おかしいなぁ
四つ葉だと
思ったのに…

もぐ
もぐ

シロツメクサ

マメ科シャジクソウ属

ツメクサの仲間を総称して
クローバーという

緩衝材として
詰められていた
ので詰め草

四つ葉は踏圧などの
影響で出現しやすいと
いわれる

クローバーとよく間違われる

カタバミ

カタバミはハート型、
クローバーは丸っこい
葉っぱ

クローバー

カタバミ

イモムシは種によって決まった植物しか食べない

30

クローバーを食べるチョウ

よかったね

病気や寄生虫でほとんどのチョウはオトナになるまで生きられないから

幸運のご利益があったのかな

モンキチョウ

キチョウの仲間で、紋があるので**モンキチョウ**。
※「黄色い紋」という意味ではない

春型（表）

♂

♀

♀はモンシロチョウとよく間違われる

モンシロチョウさんも元気でね〜

あたしゃモンキチョウだけどねっ

地球最強生物はどこにいる？ その1

その生物は超高熱や絶対零度、乾燥、超高気圧にも

クリプトビオシスという乾眠状態

真空にすら耐える

南極や高山、深海など

あらゆる極限環境で発見されている

深い！

高い！

あらゆる耐性をもち
地球最強と名高い
スーパー生物

そんなすごい生きものならいつか見てみたいな～

なら探してみるかい？

見れるの！？

クマムシ

耐熱	100℃
耐寒	−273℃
耐圧	75000気圧

その他
放射線、真空、乾燥などに耐性アリ

きっと見つかるさ！

さあ外の世界へ一歩踏み出そう！

地球最強生物はどこにいる？ その2

地球のあらゆる場所、
もちろん街中にも
ふつうにいる

土の上のコケより
人工物のすき間などの
コケの方が見つけやすい

完

33

クマムシのここがカワイイ!

ずんぐりした体形（たいけい）
（活動時（かつどうじ）はぷよぷよ）

小さな眼点（がんてん）
（種類（しゅるい）によってはない）

体（からだ）は半透明（はんとうめい）で
食（た）べたものが
見（み）える

コケ

食（た）べてナイヨ（嘘（ぼう））

食（た）べたでしょ!

何（なに）かにしがみ
つきたがる

よくある
クマムシの
写真（しゃしん）

爪（つめ）のある短（みじか）い脚（あし）
（4対（つい））

バタタタ

ひっくり返（かえ）ると中々（なかなか）
起（お）き上（あ）がれない

普通（ふつう）の顕微鏡（けんびきょう）でここまで
リアルに見（み）えることは
ないのでご安心（あんしん）（?）を

クマムシを見（み）るためには?

顕微鏡（けんびきょう）が必要（ひつよう）。最近（さいきん）は数万円（すうまんえん）で
買（か）えるものや数千円（すうせんえん）の観察（かんさつ）キット
もある

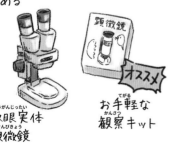

双眼実体（そうがんじったい）
顕微鏡（けんびきょう）

オススメ

お手軽（てがる）な
観察（かんさつ）キット

※サンプリングや観察（かんさつ）には少（すこ）しコツがいります

クマムシがいるコケは?

青々（あおあお）とした立派（りっぱ）なコケよりも、乾燥（かんそう）した
貧相（ひんそう）なコケの方（ほう）がクマムシがいることが
多（おお）い

△

シャキッ☆

○

ぼさ…

ギンゴケ

過酷（かこく）な環境（かんきょう）だが
天敵（てんてき）や競争相手（きょうそうあいて）が
少（すく）ない

街中（まちなか）にごく普通（ふつう）に
あるモコモコしたコケ。
クマムシがよくいる

34

ねじれには個性がある

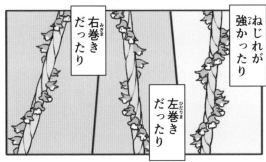

ネジバナ
道ばたなど、身近で観られる野生のラン

一つ一つの花は小さいが、ランの仲間なだけあって美しい

必死さでわかる ホオジロの 交際ステータス

毎日毎日うるさいなぁ

おっさんまだお嫁さん見つからないの？

にゅっ

ギクッ

な、なぜわかった？

「こんな時期」にまだ必死に歌っているんだもん

まだまだ！俺はあきらめないぞ

ゼェ ハァ ハァ

聴いてください！「春よ来い」

来年は春がくると…イイネ！

ホオジロは独身か既婚かでさえずり方が少し違う

独身

上を向いて必死な感じ

既婚

月～

余裕がある感じ

※一日の囀り回数も2倍ほど差があるとされる

カタツムリはどこにいる？ その1

キイイイ！

せっかく産んだ卵が割れたわ！

それはカルシウム不足かもね

ニコニコ これを食べるといいわよ♪

カタツムリ

えー！？早く教えなさいよね！ムキーッ！！

カタツムリは基本的に

夜行性

乾燥が苦手なので晴れの日は殻口を閉じて物陰で休んでいることが多い

日中 どこにいるのよ！？ キョロキョロ

夜 ZZZ

日中 どこよ！？ ZZZ

ZZZ

（雨天時は日中でも見つけやすくなる）

どこにもいないじゃないのー！！ プンスコ

カタツムリはどこにいる？ その2

やつらは晴れの日中は隠れているのよ

ほらこういうのが食べ跡よ♪

はーー!?早く教えてよ!

ということはまさにこの辺りの葉っぱの裏に…

…カルシウムッ!

ナメクジ

キャッ

カルシウムはー!?

そういわれましても…

藻や葉っぱ、花びら、キノコ、コンクリートなどいろいろ食べる

モリモリ

ヤスリのようなザラザラした歯舌。小さな歯が一万本以上ある

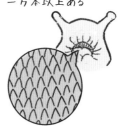

39

カタツムリはどこにいる？ その3

肺呼吸なので水浸しの場所は苦手

完

カタツムリは有肺類

呼吸口（このへん）

乾燥は苦手だが水中に留まると死

コレがスキなんだろ〜？

びっちょり…

そんなにはいらんて！

Column

カタツムリという種名の生物はいない

「カタツムリ」はグループ名みたいなもの。それぞれに名前がある！（殻の色や模様などは地域差や個体差が大きいです）

ミスジマイマイ
三筋がない個体もいる。
樹上が好き

ニッポンマイマイ
草地でよく見られる

ヒダリマキマイマイ
巻き方向がミスジマイマイなど
と違う

ヤマキサゴ
眼が触角の先ではなく
付け根のあたりにある

オオケマイマイ
毛深い。歳をとると禿げる

実物は
小さい

ナミギセル
煙管に似ることからキセルガ
イといわれるグループの一種

**ヒラコウラ
ベッコウガイ**
沖縄で見られる外来種。
殻がほとんどないナメクジ
のような体

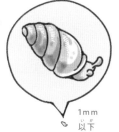

1mm
以下

ケシガイ
すごく小さいがよく見ると
カワイイ

その他多数

**日本で
約800種**

KGB（コウガイビル）

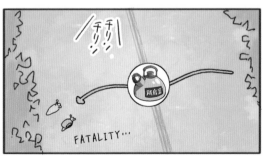

ぱっと見はヒモ
雨の後などに道路に
いることが多い

頭が笄に似ていること
からついた名とされる

生きもの好きには
KGBとも呼ばれている

簡単には死なない

ククク…
いつも死亡オチだと
思ったら大間違いだ

なんて生命力だ

ムクリ

真っ二つに
なったのに

うわぁー
食われる

ぐるぐる

ククク…
実は私の口は
ここではない

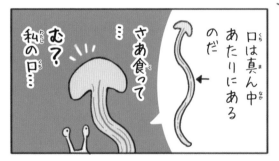

口は真ん中
あたりにある
のだ

さあ食って

む？
私の口…

コウガイビルは
プラナリアの仲間

ナカーマ

実験で再生能が
あることも証明されて
いる

ぐえー　→

ヒルの名がつくが、
血は吸わないので
無害。むしろナメクジ
などを食べることから
園芸では益虫とされる
（正確には虫ではないが）

終

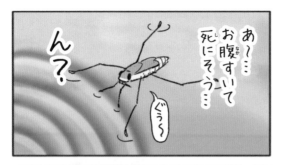

ん？

あ〜…お腹すいて死にそう…

ぐぅ〜

これは…

波紋っ！

水面の振動でエサを感知する

ゾザザァ

きっと大物だわ！

バタ バタ バタ

バリ

リ

アメンボにとって水面は大きなクモの巣のようなもの

バタ バタ バタ

エサだ

ストロー状の口で水面に落ちた獲物の体液を吸う（肉食）

ぶる ぶる ぶる

！？

シャキーン

折りたたみ式

44

ふふふ♪

ボクの愛のメッセージが届いたんだね

いえ勘違いでした キッパリ

ゾザザザァ

強い波紋を起こせるのは強い♂の証！

あ〜もうそんなに水面を揺らすと…

ぬっ

エサはここかな？

ほら〜また他のアメンボが勘違いして…

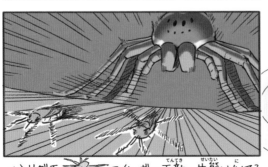

波紋で愛を語る

アメンボ豆知識　その2

アメンボは波紋で語り合う

♂が♀に求愛したり

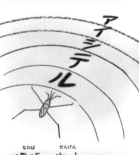

アイシテル

縄張り宣言したり

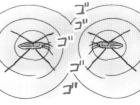

ゴゴゴゴ

45　ハシリグモ　アメンボの天敵。生態は似てる

えっ？

フッ…こうなったら仕方ない

アメンボの本気を見せてやる

サッっ

アメンボ豆知識 その3

飛べる

とうっ

バッ

まさかこのオス…私を守るために…

ブーン

ただし翅が短い個体や無い個体は飛べない。
（同じ種類でも個体差がある）

長

短

雨が降った後のちょっとした水たまりになぜかいたりする

終

飛べる個体と飛べない個体がいます

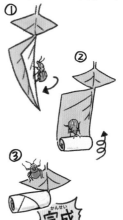

首を伸ばすと全長1mほどにもなる

にゅ～～ん

アオサギ 驚異の収納力

あの鳥!?

足が4本ある!?

ギャーン!

いやいや

鳥の足が4本あるはずがない

きっと見間違いだろ

ゴシゴシ

たたたーっ

あし

スッ

ギャギャーン!

変なのが観てるからじっとしてるのよ

ジー〜…?

?

…！

コチドリなどで、雛がまだ小さい頃、親鳥は時々雛を抱えている

合体

雛を温めたり敵から守るためと考えられる

49

戦慄！！吸血メジロ

キャあぁ！！

バァーン！

ん？

何があったの！？

何ってボクは食事してただけだけど…

食事って…

まさか…お前その鋭いクチバシで…

そうそうこのクチバシで…

花の蜜ウメ〜♪

本書では何度か出てるネタですが…メジロは細い嘴とブラシ状の舌で花の蜜をなめるのが得意

野生化したアロエの花とか

花粉

突き刺してちゅーちゅーするのが好きなんだ〜♪

キャあぁ

バラバラーン！

うわぁ!!

ハトさんが
バラバラに!?

無惨！羽毛散乱事件

何てむごい
ことを……

犯鳥は
この近くに
ここ？

ウワァーッ

もう〜っ
これは花粉
だってば〜

へ〜

それは
花粉なんだ？

オオタカなどは羽を
丁寧にむしって獲物を
食べる

ブチ

ブチ

なので現場には
大量の羽毛が
残される

おかわり…いただけるだろうか？

終

夏の怪談 日本野鳥の怪

野鳥にまつわる妖怪や怪談話は意外と多い・・・

鵺（ぬえ）

頭はサル、四肢はトラ、胴体はタヌキ、尾はヘビという妖怪

モチーフはトラツグミ

青鷺火（あおさぎび）

夜中に青白く光ったり火を吐いたりするという鳥の妖怪

正体はゴイサギ？

エボ（うめき鳥）

夜中にエボーと不気味に鳴くという怪異

えぼ〜

正体はミゾゴイ

ペンタチコロオヤシ

アイヌに伝わるという妖怪。松明を持って徘徊し、人を惑わす

モチーフはワタリガラス

特徴：デカイ

入内雀（にゅうないすずめ）

平安時代の有名な歌人、藤原実方の怨念の化身

絵はテキトーです

ふつうにそういう名の野鳥がいる

ニュウナイスズメ

その他、多数

送り雀、たたりもっけ、烏天狗、などなど・・・

アリの巣で多発 アリアリ詐欺

アリの巣

口移しで仲間からエサをもらう

もぐもぐ

私にもごはんちょーだい

ぬっ

私もアリよ

アリアリアリ

アリヅカコオロギ

アリの匂いをまとい、アリからエサをもらったり卵や幼虫を食べたりしている

外見はあまりアリに似ていない

…お前もしかして…!?

!?

腹が減っているのか?

よし、いっぱい食え

もぐもぐ

♪～

アリは匂いで仲間を判別（視力は弱い）

身近でもよく見られる好蟻性昆虫の一種

暑い日のワイルドライフたち

その1

ピコーン！

にゅっ

トンボさん何でそんなところで逆立ちしてるの？

こうすると少しだけ涼しくなる気がするのだ

すずしいやん

いま日陰やん

あれ？……ピョーン！

ふーんへんなの

あっ ピコーン！ ちょっ待っ！

ギラッ

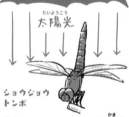

オベリスク姿勢

太陽光

ショウジョウトンボ

「オベリスク」のごとき構えをとることで、太陽光が強くあたる面積を減らし、体温の上昇を防いでいる…と考えられている。

オベリスク
古代エジプト起源の記念碑。世界中の広場などにある。

暑い日の ワイルドライフ たち

その2

多くのトンボ（オス）は縄張りを持ち、メスがやってくるのを待つ。オスが侵入してきたら追い払う

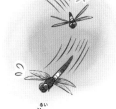

トンボ類はたまにカワセミの頭にとまってしまう。

水辺にいる者同士とまる場所が似ている

そんなに暑いなら日陰に行きなよ

やだ！

ライバルに奪われないようにねっ！

ボクは領地を見張っているのだ

じぃ…

でも…そこは君の場所じゃないよ…

フンッ！この場所は誰にも譲らないぞ！

ここはボクの場所だ！

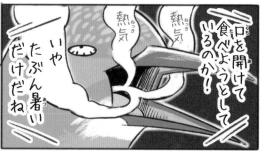

暑い日の ワイルドライフ たち その3

暑い日の鳥たち

鳥は人間のように汗を
かいて放熱できない。
あまりに暑いときは、
口を開けて放熱する。

暑い日は水浴びも
よくする。
水辺では鳥ドリルが
見やすいかも。

カワセミも縄張り意識が強い

目に突撃してくるあの虫

メマトイの仲間

渓流や山野に生息する小型のハエの仲間。目にまとわりつくことから 目纏い(メマトイ) と呼ばれる

クロメマトイ

マダラメマトイ

ニホンウナギの変態
～流される仔魚期～

南の海で生まれ約半年のウナギたち—

このまま流されるだけの魚生でいいのかな～

いいんじゃない？泳ぐのは疲れるし

流されやすい（物理的に）

海流 約2000km

産卵場

海流

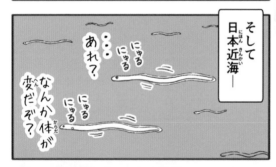

そして日本近海—

・・・あれ？

にゅる にゅる

にゅる にゅる

なんか体が変だぞ？

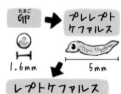

卵 → プレレプトケファルス

1.6mm 5mm

レプトケファルス
10～60mm

葉っぱのような形をしているので葉形仔魚ともいわれる

がんばって泳がないと沈む！

ハァ ハァ ハァ ハァ

変態して浮遊生活から底生生活へ

ニホンウナギの変態

～シラスウナギ期～

ぎょっ
いつの間にかやせた!?

うおっ!?
なんだこの変な体は…!?

でもこれで好きなところに泳いでいける…

そうか…!
もう流れに身を任せる魚生はやめだ！

ん？

何か向こうで光ってるぞ

早速泳いで行ってみよう！

わーっ

完

シラスウナギ

海流を抜け、河口付近でしばらく暮らす

シラスウナギ漁

光でおびき寄せてすくいとる

昔から冬の風物詩である一方、密漁や密流が後を絶たず、ウナギが絶滅危惧に指定されてからは特に規制や取り締まりが強化されている。

59 食用の99％は稚魚を捕まえて養殖したものです

ニホンウナギの変態

～川での暮らし～

春——無事に川を上ってきたウナギ

黒っぽくなるぞ

流れもゆるやかですみやすそうだ～ッん？

うわっ！怖いセンパイたちもいるなぁ…

ボクみたいな小さな魚は一生おとなしくしてよっと…

う…ズゾン…ズゾン…ガガガ…

クロコ

川で暮らし始める頃の姿。さらに成長すると黄ウナギ、銀ウナギとなる

ウナギは淡水生態系の頂点に位置する肉食魚。成長するためには豊富なエサが必要

10年後——

もっもっ

60

ニホンウナギの変態
～旅立ちのとき～

いくぞ2000kmの旅

成熟したウナギたちはいよいよ生まれ故郷であるグアム島沖へ…

※ホルモンによる体の変化など

…と、この段階で目的地を知っているはずもなく

そうだ海、行こう。

なんかソワソワしてきてにゅるっと出てくる

この旅がどれほど長くて困難なものか…ウナギたちはまだ知らない

産卵場所はわかったけどどうやってこんな遠くにたどり着くのだろう…？

人間もまだ知らない

産卵場所

銀ウナギ

クロコから黄ウナギを経て、最終形態の銀ウナギとなる

川のウナギは特にメスになる比率が高い。つまり個体数の回復に大きく寄与する存在。一方…

実は少数派？

川　河口　海

川を上らず河口や海で育つウナギが多いこともわかってきている。海ウナギについてまだまだ謎が多い

Column

今さら聞けない？ なぜウナギは絶滅危惧？

ウナギが絶滅危惧となった原因は、いくつかの要因が重なった結果と考えられています。大きくは「環境の変化」や「過剰な漁獲」などがあげられます

環境の変化

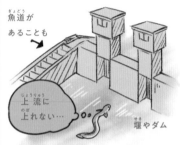

魚道が
あることも

上流に
上れない…

堰やダム

河川の構造物による
遡上の阻害

護岸

エサも隠れ場所も
少ない…

生育環境の悪化

過剰な漁獲

稚魚
（シラスウナギ）

養殖のための捕獲。
密漁が横行しており
捕獲の制限が難しい状況にある

下りウナギ

10月〜3月
ウナギ捕獲
禁止
□△県

産卵のために海へ下るウナギの捕獲。
最近では時期を決めて
捕獲を禁止している自治体もある

※映像はイメージです

夏の終わりの風物詩
セミ爆弾

その1

地面に落ちているセミ。死んでると思ったら…

死———ん…(?)

通称
セミ爆弾

セミファイナルともよく呼ばれている。

弱ってひっくり返っているだけで、当然、人間を驚かすつもりはない

夏の終わりの風物詩
セミ爆弾

その2

人間には嫌われがちな
セミも生態系の中では…

孵化して地面にもぐる
途中でアリのエサに
なったり…

鳥やカマキリ、
スズメバチ、
小学生に
つかまったり…

やあ

げっ

死んだ後はまた
アリのエサになったり…

みんなの人気者
(主にタンパク源として)

キツネさんも気をつけて!
またたぬき寝入りしているにちがいない!

え〜?

…

コイツ脚を閉じてるからもう死んでるんじゃない?

いや

…ん？

あれ？これドッチ？脚閉じてる？

…

よくわかんねーな
もうちょっと近づいて…

ゴ ゴ ゴ ゴ ゴ

※映像はイメージです

キツネさーん!!

終

制作・著作 一日一種

釣り上手なサギ その1

最近、鳥の間でフィッシング詐欺が流行ってるらしいわよ

何それマジこわ〜

サギの疑い
S容疑者

エサでおびき寄せる手口みたい

やばーい
騙されないよう
気をつけてよ

リポチョ

そういえば
お腹すいたね〜

あっ！

水草っ！

水草っ！
ウマーッ！！

ササゴイ
ペリカン目サギ科

本州以南に夏鳥として渡来するサギの仲間

ゴイサギに似ていて、羽縁に笹の葉模様
（名前の由来）

虫やルアー（疑似餌）を使って釣りをすることがある

むう ここ 魚たちは虫に気づいていないようだな

ならばっ…!

死ーあーん…

釣り上手なサギ

その2

アルッ アルッ アルッ アルッ

釣りをするときは本物のエサのほか、疑似餌（ルアー）もいろいろ使う

虫

パンくず

ふふふ…まるで生きているように見えるはず

さあ！食らいつけ魚どもよ

ツン ツン

ミミズ

葉っぱ

花びら

小枝

プラゴミ

わっ

アメンボ

羽毛

…などなど

釣り上手な
サギ

その3

まだだ…
…焦りは
禁物……

釣りで
重要なのは
「待ち」…

—獲物が獲物に
食いつく瞬間—

わっ

スゥ…

カ

ツ

釣りは失敗も多い
（特に若鳥）

丸見え
！

魚に気づかれて
しまったり

スキが
生まれる!!

サッ

ア
パ

ルアーの
チョイスが
悪かったり

ブ))ちゃ

？
い

終
製作・著作
一日一種

他の個体を見習ったり
試行錯誤を繰り返して
うまくなるようだ

Column

サギ類の巧みな漁法

サギと詐欺は語源に何の関係もないが、サギ類の採餌はまさに詐欺といってもよいぐらい巧妙だ

ガサガサ

水底や水際を脚でガサガサして、逃げようとした魚をとる。全国でふつうによく見られる

波紋漁法

クチバシを細かく震わせて波紋を起こし、魚をおびき寄せる。道具は不要だがアゴは疲れそう

カワウを利用

カワウに追われて浅瀬に逃げてきた魚の群れを狙う。横取りというよりはおこぼれ狙い。

おねだり

物欲しげに釣り人の近くに立つ。環境リテラシーが高い人には通用しない

サギ類はもともと、あまり動かずに「待ち」型のエサ取りをする。これらの技はその発展型みたいなものかもしれない。

駐車場によくいる白黒の鳥

ハクセキレイ
スズメ目セキレイ科

河川敷や草地、農地、駐車場などの開けた場所でよくエサをとっている

昔は冬にしか観られなかった地域でも、一年中観られるようになってきた鳥

実（み）

この草
うまそう
じゃん！
食（く）って
みようぜ

いいねー
実（み）が
ぎっしり！

届（とど）かねぇ！

ぴょーん
ぴょーん
ぴょーん

・・・と

つかめねぇ！

びよーん
びよーん

・・・つ

くそっ
全然（ぜんぜん）
食（く）えねぇ
じゃねぇか！

バラ
バラ
実（み）

パク
パク

スズメに人気（にんき）の草（くさ）
エノコログサ

その1

エノコログサ
イネ科エノコログサ属（ぞく）

漢字（かんじ）で書（か）くと狗尾草（えのころぐさ）。
狗（犬）（いぬ）の尾（お）に似（に）ている
ことから「犬（いぬ）ころ草（くさ）」さらに
なまって「エノコログサ」に
なったという

通称（つうしょう）「猫（ねこ）」じゃらし

そこは「犬（いぬ）」
じゃにゃいのね…

スズメに人気の草 エノコログサ その2

地面に倒せば食べやすいんじゃない?

!!お前…頭いいな! あれ?何か食ってる?

!お前…ハァ ハァ

うぉりゃあ!!

ガシッ

よーしなんとか倒したぞ

ハァ ハァ

ん?

パクッ パクッ

できるスズメの エノコログサの食べ方

どすこーい

①茎を倒す

ぴょん ぴょん

②茎をおさえながら穂の方へ移動

もぐ もぐ

③穂をおさえながら食べる

スズメに人気の草 エノコログサ その3

ズルいぞ
オイ!
お前ばっかり
食べて!
いやー
けっこう
イケルね
コレ

空
ぐぅぅ

こっちにもっと
長いやつも
あるよ

アキ/
エノコログサ

うおっ
こんな長いの
倒すの大変じゃ
ねえか

どーーん

だが これなら
腹いっぱい
食えそうだぜ!

倒す!!

とうっ!
うりゃあ…!

パク
パク

びょーーん
びょーーん

実は種類が多い

いろんなエノコログサ

花序が
長くて
曲がる

アキノエノコログサ

花序が
紫褐色に
見える

ムラサキエノコロ

剛毛が
金色

キンエノコロ

可愛いペンギンさんがいっぱいだ!

わあー

ひとつ飛ばしてペンギンさん!

ペンギンさん!

ペンギンさん!

ペンギンさん!

ゴイサギ

ペリカン目サギ科

公園など身近な水辺でも観られるサギの仲間

成鳥

夜行性で目立たないせいか、普通種なのに知名度は低め

日中はやぶなどで寝てる

お持ち帰り注意

マダニの仲間

くっついてから時間が経つと、簡単にはとれなくなる

吸血前　　　吸血後

無理やり剥がそうとすると口器が残ってしまうこともある

※口器から感染症のリスクもある

いつの間に血だらけに

ヤマビル
環形動物門 ヒル目

二酸化炭素や体温を感知して近づいてくる

ヒルジンという抗血液凝固成分を出し、血がとまらなくなる。痛みはほとんどない

※なおマダニ等と違い感染症のリスクはないとされている

Column

マダニやヤマビルから身を守るためには

予防

ディート成分が入った虫よけスプレーはダニやヒルにもよく効く

くっついていないかこまめにチェックする（パートナーがいればなお良し）

ヤマビルがいる場所ではできるだけ立ち止まらない

服装

帽子・長袖・長ズボンなど肌の露出を少なくするのは基本

ヤマビル対策には靴下にズボンをインするソックス・イン・コーデも有効

どやぁ…

※ちょっとダサ上級者向け

応急処置

マダニ

くっついてすぐなら手やピンセットではがせる。時間がたって剥がせなくなった場合は病院へ行くのがよい

ダニ取りピンセット

ヤマビル

塩や虫よけスプレーをかければ落ちる。患部はポイズンリムーバーがあれば吸いだし、洗浄の後、絆創膏などで止血

ポイズンリムーバー

巣を守るのは命がけ

お腹がすいたな〜

あっ
ハチの巣だ

それ以上近づかないで！

近づいたら刺すわ！
刺したら死ぬわよ

ひえっ
死んじゃうの？

死ぬわよ！

私たちが！

え…？
じゃあボクは？

ちょっとチクッとするぐらいよ

ミツバチの仲間

ミツバチの針は内臓とつながっており、刺した後に離れようとすると一緒に抜けて死んでしまう

皮フ

残った内臓はポンプのように毒を送り続ける

78

この漫画は「日本自然保護協会」会報に掲載したものです

秋の草地はバッタ天国

トノサマバッタ

バッタ目バッタ科

ジャンプ力のヒミツ

マッチョな筋肉に加えて膝の関節の仕組みがポイント

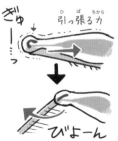

ギュー

引っ張る力

ぴよーん

カキノキと動物たち その1

カキノキは秋〜冬の鳥見スポットの1つ

体が小さい鳥は遠慮しがち

← メジロはなめるのが得意

カキノキと動物たち その2

夜

美味しそうだなー・・・

木登りはちょっとニガテ組

昼

ムシャ

ポイ

ひどい！一口食べて捨てるなんて

カキは哺乳類たちも好き

みんなも食べたいのに

ポイ ポイ ポイ ポイ

他のやつのことなんて知るか

夜

サルは少しかじって捨ててしまう傾向がある

落ちた柿にあやかる組

カマキリを操る寄生虫

その1

ハリガネムシ
類線形動物門

カマキリやコオロギ、カマドウマなどに寄生する生物

キラキラしたものに飛びこむように宿主の脳を操る

カマキリを操る寄生虫

その2

くくく…オレ様が水に飛びこむよう操っていたのさ

にゅるん

なっ!?なんかおしりから出てきた!?

今まではずっとお前から栄養を奪っていたのだ

おかげでここまで大きくなれたぜ

ひどい…私を利用したの…ね

ガクッ

さーてキョロキョロ

久しぶりの外の世界だん?

あれ?ここ…どこだ?

宿主の昆虫は魚に食べられてしまうことが多く、ハリガネムシが陸域と水域の生態系のかけ橋となっているともいえる

しかしハリガネムシ自身も脱出する前に一緒に魚に食べられてしまうことも…

83

どんぐり虫に要注意 その1

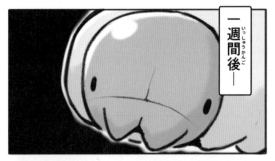

どんぐり遊びは秋の定番だが・・・

ストラップ

置物

やじろべえ

コマ

お菓子

中から虫が出てくることも!

どんぐり虫に要注意 その2

おいおい

殺虫剤！殺虫剤！

ひいいい

いっぱい出てきた

にょろにょろ

それはちょっとひどいんじゃないか？

どんぐり虫だって生態系の一種なんだぞ

遊ぶために自然から勝手に連れ帰って

見たくないものは勝手に殺すなんて

シギゾウムシの仲間

成虫がどんぐりに産卵

幼虫は中身を食べて育つ

シギやゾウに似た長い口吻が特徴的な甲虫

シギ　ゾウ

命を無駄にするぐらいなら

このコたちは父さんが週末山に持っていく

ワタクシタチ助カルノデショウカ？

85

どんぐり虫に要注意 その3

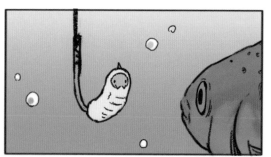

完

どんぐり虫は渓流釣りの
エサにもなる

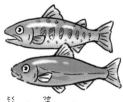

特によく使われる
クリシギゾウムシ

ペットのエサにすることも

リス
まっしぐら!

虫嫌いの人だって無暗に殺すのは嫌なはず

たぶん

水につけるとざっくりとより分けられます

プカー

虫が中にいたり、腐敗が進んでいると

浮く

子葉が詰まってて密度が高いと

沈む

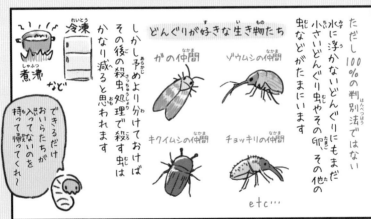

ただし100％の判別法ではない

水に浮かないどんぐりにもまだ小さいどんぐり虫やその卵、その他の虫などがたまにいます

冷凍

煮沸

など

しかし予めより分けておけばその後の殺虫処理で殺す虫はかなり減ると思われます

できるだけおいらたちが入ってないのを持って帰ってくれ～

どんぐりが好きな生き物たち

がの仲間

ゾウムシの仲間

キクイムシの仲間

チョッキリの仲間

etc…

虫食いどんぐりならお池にはまっても安心（？）だね

どんぐりころころ♪

お池にはまって♪

プカー

浮く

ドジョウさんと出会えないやんけ…

おとなしいけど刺されると激痛

冬越しにいい場所ないかな～

ブゥ～ン

おっ

ここは雨風しのぐのによさそうね

ゴソ

ゴソ～

アシナガバチの仲間

スズメバチに比べて基本的におとなしいが不意に刺激してしまうことで刺されることが多い

そろそろパンツ乾いたかな～

ガラ

巣を刺激してしまったり

気づかず触ってしまったり

なんでそんなところ刺されたの？

ヒリヒリ

スズメバチの巣を見つけたら

スズメバチの巣だ！

どうする!?

ブブブ

「危険生物として警戒」派

気の毒だが街では駆除すべきだ

あんなんに攻めこまれたら終わりや…

ミツバチ

隠れろ！肉団子にされるぞ！

いも虫

多くの都会人

「益虫として見守る」派

むやみに刺激しなければ無害です

農作物につく害虫を駆逐してくれる！

花粉を媒介してくれることもある

花

野菜

自然愛好家

「食べる」派

うまい！

一部の信州人など

ハチクマ

クマ

モグラが地上に出るとき

モグオ巣を出ていくのね？

うんボクも自分のなわばりを持って生きていくよ

さあ！地上に出たぞ！冒険のはじまりだ！

ぼこっ

ブロロ…

ゴゴ

まずはこっちに行ってみよう

うわー危ない！

子どもが大きくなると親がなわばりから追い出す動物は多い。モグラもその一種

なんで掘れないんだろう？

？？

カリカリ

このときに天敵に捕食されたり、交通事故にあったりと非常に危険

※モグラは視力がほとんどない

90

由来が意外な あの言葉 その1

イラクサ

イラクサ科イラクサ属

日本各地でふつうに見られる多年草。茎や葉に毒トゲをもつ

トゲのことは「イラ」とも呼ばれる

91　※由来には諸説あります

由来が意外な
あの言葉

うーん…

この図形を何と呼べばいいんだ!?

しかし両者の性質を兼ね備えたような…

平行四辺形と一括りにもできない

正方形ともいえないし…

い池

！

誕生

ひし形
4辺の長さがすべて等しい四角形

ヒシ

ミソハギ科ヒシ属

全国の池や沼でふつうに見られる水草

葉　　実

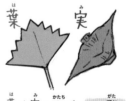

葉や実の形が、ひし型の語源と考えられている

92

エビフライを作ったのは誰?

最近よく落ちてるけどこれ?
なんだろう?
あの硬いのをかじった跡かな?

いやいやさすがにこんな硬いのを食べる動物は・・・・・

パラパラ

ん?
上から何か落ちて

(注)リス

ブチィ
ブチィ

コン

いた…

松ぼっくり

リスはかさの間の種を食べる

↓

かじった跡
通称 エビフライ

あっ
だめフンだ

ブーン♪

タヌキの掲示板（けいじばん）

ためフン

タヌキは複数（ふくすう）の個体（こたい）が同（おな）じ場所（ばしょ）にフンをする習性（しゅうせい）があります

ためフン

タヌキの公衆（こうしゅう）トイレ兼（けん）掲示板（けいじばん）のようなもの

自分（じぶん）もカキコしていこっと

モザイク

へ～
このあたりにはカキもあるのか～

クンクン

種（たね）

他（ほか）の個体（こたい）のフンから近場（ちかば）のエサなどの情報（じょうほう）も入手（にゅうしゅ）できます

1. 名無しのタヌキ 1ゲット！

2. 名無しのタヌキ ためフン乙

3. 名無しのタヌキ さいきんどう？

たぬCh.com

わごむ

レジ袋（ふくろ）の切れはし

プラスチック片（へん）

街（まち）での拾（ひろ）い食（ぐ）いには気をつけよう

なんか変（へん）なものも混（ま）じってるな～

タヌキは雑食性（ざっしょくせい）が強（つよ）くてなんでもよく食（た）べます

野生動物はいろいろ持ってる

コラッ！
わ〜かわいい
エサ食べるかな〜

知らない人に動物からエサもらっちゃダメでしょ

不潔！！
いや〜ん
どんな病原菌をもってるかわからないのよ！
不潔よ！

キツネがもっている可能性があるもの

エキノコックス（寄生虫）

ジステンパー（ウィルス）

疥癬（寄生虫）

狂犬病（ウィルス）

レプトスピラ（寄生虫）

etcetc…

野生動物は様々な病原菌をもっている可能性がある

キツネで代表的なのはエキノコックス

人間の体内に虫卵が入ると肝臓などで発育し、重い障害を引き起こす

※人に直接感染しなくても飼い犬などに感染するものもあります

Column

人獣共通感染症（Zoonosis）とは？

動物と人との間でうつる感染症のこと。ウイルス・細菌・寄生虫などによって引き起こされる。動物から人へうつることも、人から動物へうつることもある。新型コロナウイルス感染症などにより、近年警戒が強まっている。また、感染はしなくても人や動物が病原体を運んでしまうことや、感染しても発症しないこともある（不顕性感染）。

人

野生生物

家畜やペット

野外活動での予防のためには？

野生生物と人との間の人獣共通感染症の場合は、生きものとの距離感が大切といえる。また、人に感染しなくても家畜やペットにうつしてしまうこともあるので野外と街を行き来するときは手洗いや消毒を心がけたい。

野生生物に接触（餌付け等）をしない

むやみに沢の水を飲まない

山菜などはよく洗い、できれば加熱する

エキノコックス症

エキノコックスという寄生虫による感染症。日本ではキタキツネのフンに含まれた卵が人の体内に入ることで感染する事例が多い。潜伏期間が長く、深刻な肝機能障害を引き起こす。

鳥インフルエンザ

主に水鳥が感染するA型インフルエンザウイルスによる感染症。日本では鳥→人の感染・発症例は確認されていないが、他国では死亡者もおり、畜産業への影響も甚大であるため警戒度は高い。

狂犬病

狂犬病ウイルスによる致死率の高い感染症。日本では1956年を最後に発生がないが、世界、特にアジア地域では現在も多くの死亡者が出ており、今後も予防が重要となっている。

SFTS

重症熱性血小板減少症候群という長い名前の略称。病原体はウイルスで、ダニが媒介することで知られているが、犬や猫への感染もあり、これらの動物に咬まれるのも危険。

他にも日本脳炎、E型肝炎、ライム熱、ツツガムシ病、etc……
海外ではエボラ出血熱、マラリアなどの恐ろしい感染症もあるよ

もうすぐクリスマスかー

街路樹も華やかになっているなぁ

キラキラキラ

こっちの白いのは飾りかな

いっぱいつけてるな〜

夜は駅前に大集合

ハクセキレイのねぐら

夕方になると都会の駅前で大集合する姿に驚く人たちも

ん？

あれ？よく観るとこれ…

チチッ チチッ

とり

なんだなんだ！？

こんなところに！？

鳥？

駅前は天敵も少なく安心して寝られる

ビチャ

抜け毛がハゲしい理由

季節は冬——

もふーん

もふーん

ヒュゥ

なんでボクだけハゲてきているんだろう！？

な…何でだろうね〜？

可哀そうにね〜

↑ハゲ

そうだ！みんなでくっつこう！暖まるよ！

ぬくぬく

なんで逃げるの〜！？

ヒゼンダニ

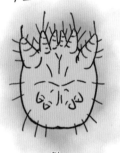

タヌキでよく見られる疥癬症の原因となるダニ

ダニは皮膚にもぐりこみ、抜け毛の原因となる

※接触すると他の動物にうつることも

100

直径4cmの春 その1

フクジュソウ

キンポウゲ科フクジュソウ属

まだ寒い冬のうちからいち早く花を咲かせる

パラボラアンテナのような形の花で太陽光を集める

咲き始めの頃は葉はない

花の中は外気より10℃ぐらい高いこともある

101

直径4cmの春

その2

春!?
はっ 幻覚か…
何か聞こえない？
…こえ…ます…きこえ…ますか

運ぶのです…
…花粉を…
運ぶのです…

聞こえ…ますか
…フクジュソウ…です…

そうです！それを…
いつの間にか体についてた
あっ

うまーい
運べ
ペロリ

ハナアブは花粉が好き

太陽の方角に合わせて
花は徐々に向きを変える

午前

午後

蜜は出ないが、暖かさで
虫を誘い、花粉をくっつけて
運んでもらう戦略

102

直径4cmの春 その3

花粉もあるし
あったかいし
ゴロゴロ
ぬくぬく
もう明日も
明後日もここで
過ごそうよ～

あの～…
もしもーし

ん？
君…
よく見ると…

あら？
あなた…
気づかなかった
けど…

もう十分
あたたまった
でしょ～

・・・・・・

♀

♂

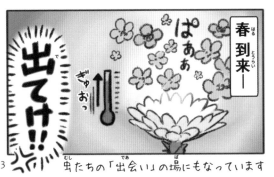

春到来！

ぱぁぁ

ぎゅおっ

出てけ!!

フクジュソウには冬でも
活動している小さな
生きものが暖をとりに
やってくる

ハエの
仲間

ハナアブの
仲間

ミツバチ

一部の大きな生きもの
にも被写体として人気

パシャ
パシャ

虫たちの「出会い」の場にもなっています

婚活は渡りの前に… その1

2月

日本の冬は過ごしやすいな〜 ぬくぬく〜

そんなにのんびりしてていいのか？ 若者よ

だって北国に帰るまで特にやることもないですし？？

いやいやあるでしょ 帰る前にやること

まあもう手遅れかもしれないけど

？？？ ・・・

ハッ

カモ類(冬鳥)は北国に帰る前、すなわち日本にいる頃に、もうパートナーを見つけている

産卵・子育て

渡り　渡り

越冬・つがい形成

婚活は渡りの前に…

その2

ヤバイよ
ヤバイよ
ヤバイよ

あっ
メスだ！

ZZZ

♂
♂
♀
♂

ZZZ

！
！
！

勝負するか
コラ

望む
ところだ

ちょ
ケンカは
よくないっスよ

ブーン

ダンス
バトル

ZZZ

公園でも見られる！

オスのいろんな
求愛ディスプレイ

囲いこみ

※カモは一般的にオスの
ほうが多い

そり縮み

水はね鳴き

婚活は渡りの前に…
その3

先輩！
なんとか
お嫁さんを
見つけたッス

へ〜
よかったね

・・・ん？

・・・

あれ？なんか
うちらとは・・・
・・・あれ？

ホント
よかったッス
よ〜

翌年

雑種の
カモだ〜

完

カモ類は比較的
雑種ができやすい
グループ

マガモ
×
カルガモ
？

アメリカヒドリ
×
ヒドリガモ
？

コガモ
×
アメリカコガモ
？

※家禽（アヒル等）の
血が混じることも多い

寒いとみんなふくらむ

ヒュウ

奥義！ふくらメジロw

ははは　すげーふくらんでるw

まるで違う鳥みたい

ぶわっ

むにゃ…寝てるのにうるさいなぁ

…

あっ　ハトさん　サーセンw

チィースw

あ？

誰がハトだって？

↑ヒヨドリ

ふくらスズメに限らず、冬は多くの鳥が羽毛をふくらませて暖をとる

なかでもヒヨドリのふくらみっぷりは…

もはやハト

メジロはヒヨドリが苦手

カッコイイが詰まった土壌生物

この漫画は「日本自然保護協会」会報に掲載したものです

冬には何も生きものがいなくてつまらないな～

そんなことはないよ

たとえば秋にたくさん積もった落ち葉の下には…

わー カッコイイ!

そのフォルムは子どもにも大人にも大好評!

カニムシ

しかし意外と知られていない生きものである　なぜなら—

アカツノカニムシ

冬に雑木林の落ち葉の下などでよく見つかる普通種のカニムシ

カニのような大きなハサミ(名前の由来)

とても小さい

命短し恋せよ フュシャク

この漫画は「日本自然保護協会」会報に掲載したものです

フユシャクガの仲間

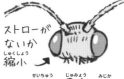

成虫の寿命は短い（1～2週間程度）

メスはフェロモンを出して目立つ場所でオスを待つ

冬みんなで過ごせば怖くない

その1

混群

秋から冬にかけて種の壁を超え、結成される鳥連合

冬をこすぞー

ウオーッ！

↑実際はかなりゆるい結束

エサを探す効率が上がるが、たまに横取りされたりもする

↑へそくり

ジ…

冬、みんなで過ごせば怖くない

その2

タカが怖くて落ち着いてエサもとれないなぁ～

ならうちの群れに入る？

エナガ

眼がタカくなれば敵に気づきやすくなるよ

なるほど・・・それは安心だ♪

ふふふ・・・

見張りはやつらに任せてその隙に・・・

上空ヨシ！

ヨシ！

もぐもぐ

モズ

完

眼が増えることで、いち早く敵を見つけられる

タカだ

一応注意

ももぐぐ

りな

その分、エサをとる効率もあがる

冬の天敵はタカやモズ等

この顔にピンときたら警戒声！

Column

混群のイカしたメンバーたち

エサが少なかったり気候条件が厳しいと混群をつくる傾向が強いといわれている。しかし仲良しこよしというわけでもなく、出たり入ったり、かなりフリーダム。

君の名は?

アナグマ
食肉目イタチ科

タヌキやキツネと並んで
里山を代表する中型の
哺乳類…だが

知名度が低い

発達した
前足と爪

穴を掘るのがうまい
(名前の由来)

キツツキは リーチが長い

木を打診して虫の居どころを探す

コッコッ
コッ
コツ

ドリドリドリ

怪しい空洞を発見

掘り進める

やばいやばい奥へ逃げろ

コゲラ

キツツキ目 キツツキ科

最も身近な小型のキツツキ

ここまで逃げれば安全だろ…

勝った

…

ズルッ

!?

パクッ

キツツキの仲間は舌が長く、ふだんは頭骨を巻くように収納されている

舌先はブラシ状

カワセミは青いとは限らない

カワセミ

パシャ パシャ パシャ パシャ パシャ

やあカワセミ撮れましたか？

ええ
こんな感じです

そちらは？

あれ？

同じ個体なのに…

ん？

全然
色が違う

カワセミは青い鳥として有名だが、羽は構造色なので、光の当たり方によっては翠っぽく見える

複雑な
微細構造

CDが光るのも
構造色

おまけ カワセミは「耳」で見つかる!

カワセミは今や珍しい鳥ではなく街なかの水路等でも見られますが

小さいのでほとんどの人は気づいてないかもしれません

探すコツは「声」

自転車のブレーキ音に例えられる—

キー
キッ
キッ

—という声を覚えるとグッと見つかりやすくなります

ウェブで検索すればすぐに聴けます

ただしカワセミを見つけやすくなる代わりに

自転車のブレーキ音にもいちいち反応してしまうという非常に地味な呪いにかかります

キキィーッ!

これが能力の対価か…

人工的な池が歳をとると　その1

ここはとある街なかのビオトープ池

築20年

ソウギョ

メダカ

ヌゥッ

隠れ場所がほとんどなくて落ち着かないな〜

ムシャ
ムシャ

水草ウマー！

うわー！食われる…あれ？

人工的な池は基本的に人が手入れをしないとどんどん環境が悪化していく

ヘドロの堆積

侵略的外来種の侵入

ゲフッ

た…助かった〜

ゴミの不法投棄

…etc、etc

人工的な池が歳をとると その2

げっ!?

池の水がほとんどなくなってる!

カモ

しかたない 他の池に行くか…

かいぼり中

あれっ!?

池が浅くなってる!

サギ

ウェーイ!!

かいぼり

池の環境改善や、池底の点検、食料(魚)の採集などを目的に、昔から行われてきた管理方法

※生きものの活動が比較的落ち着く冬に、行われることが多い

118

人工的な池が歳をとると その3

なんだか池が干上がっているみたいだけど

泥の中にいれば平気だもんね♪ふふふ

泥にもぐるアメリカザリガニ

池の底には多くの水草の種が眠っています

↓↓↓光 種

池を干したり環境を改善すれば発芽することもあります

なので

かいぼりでは泥をさらったり底をかき回すのも重要です

スッ

STAFF

ザザー

あっザリガニだ

何を残して何を除く？

アメリカザリガニは子どもに人気だが池では悩ましい存在

水草を刈りとったり

もぐもぐ

池を天日干ししても泥にもぐってしまうので除くのは難しい

※入れないことが一番重要

※かいぼりにはいろんな意味や目的があって奥が深いので、
興味がある方は調べてみてください！

Column

外来種駆除だけじゃない なぜかいぼりが必要？

今はテレビの影響などもあり、外来種駆除ばかりが注目されがちですが、かいぼりは本来、農業用のため池の維持管理方法です。池底や池周りの点検、水質の改善、農閑期の食料確保などの目的で行われていました。

現在は農業でのかいぼりがほとんど行われなくなりましたが、放置されたため池のほか、全国の公園の池、ビオトープなどでは水質悪化、外来種の侵入なども問題となっており、伝統的な手法を参考にしつつ、各地でかいぼりが行われるようになってきました。

放置された池の問題

護岸が崩壊

水草の消失

水質汚濁

外来種の侵入

ゴミの投棄

ヘドロが堆積

これらが複合的に重なり
生物多様性が劣化

自然は手を付けないほうがいいというのは基本的に原生自然の話で、人が作った自然は人の手によって定期的に管理しなければなりません。

人の身近には多くの野生生物がすんでいます

しかし生きものが多く人も多い街というのは自然に優しいとは限りません

うぅ…寒い…

よろよろ…

お腹がすいた

ブロロ…

次の春—

また
いろんな
生きものの糧に
なるだろう

「コレ」が
大きく育てば

ここは…
ためフン場？

あいつが
残したものだ

モゾモゾ

たぬき…

あいつが
生きてきた
ことは

きっと
いろんな意味が
あったんだな

花さかタヌキ

うわぁ
化けてでた!?
生きてるよ…

気がついたら知らないところにいて手当してもらって…

なんか「ついで」にハゲも治してもらった

スッ…
バッ
よかったー

なんか嫌な予感がして
なんで逃げるの?
……

植物がおいしい果肉をつけるのは動物に運んでもらうため

植物によっては動物に食べてもらった方が発芽率が良くなるという研究結果もある

植物が増えれば
動物が増え
動物が増えれば
植物は増えていく

Column

傷病鳥獣救護について

人間活動が原因で傷ついた野生動物は傷病鳥獣といいます。自治体によってはこのような動物の救護・野生復帰の活動を行っています。もし傷病鳥獣を発見し、どうすればいいかわからないときは、それぞれの自治体の窓口（環境課など）に連絡してみましょう

保護の対象にならない場合

・自然の摂理で傷ついた場合
・特定外来生物や駆除の対象になっている場合
・その他、自治体の方針などによって

なので……　それは巣立ち雛　なんで受け入れてくれないの!?

野生動物の治療・野生復帰は多くのボランティア活動によって行われています。また、このような受け入れ先には多くの保護すべきではない動物も運ばれてきています。生態系のことや野生生物について正しく理解し、受け入れ先には敬意をもって接しましょう

さくいん

わいるどらいふっ！3
身近な生きもの観察図鑑

2023年3月10日　初版第1刷発行
2023年5月15日　初版第2刷発行

著　者　一日一種

発行人　川崎深雪

発行所　株式会社 山と溪谷社
〒101-0051
東京都千代田区神田神保町1丁目105番地
https://www.yamakei.co.jp/

乱丁・落丁、及び内容に関するお問合せ先

山と溪谷社自動応答サービス　TEL.03-6744-1900
受付時間　11:00-16:00（土日、祝日を除く）
メールもご利用ください。
【乱丁・落丁】service@yamakei.co.jp
【内容】info@yamakei.co.jp

書店・取次様からのご注文先

山と溪谷社受注センター
TEL.048-458-3455　FAX.048-421-0513

書店・取次様からのご注文以外のお問合せ先

eigyo@yamakei.co.jp

印刷・製本　株式会社暁印刷

一日一種

野生生物の魅力を伝えたくて
漫画やイラストを描いている元野生動物調査員。
いきものデザイン研究所　http://wildlife-d.xsrv.jp/
@Wildlife_daily

Book Design　團 夢見(imagejack)